Rodolphe Radau

L'Origine de l'homme d'après Darwin

Essai

ISBN : 978-1542819374

10 9 8 7 6 5 4 3 2 1

Rodolphe Radau

L'Origine de l'homme d'après Darwin

Essai

Table de Matières

L'Origine de l'homme d'après Darwin

« Évolution, mot magique ! il nous donne la clé de toutes les énigmes qui nous entourent. » Ainsi s'écriait, il y a trois ans, le plus ardent des émules de Darwin en traçant à grands traits une histoire de la création fondée sur la théorie des transformations graduelles et de l'hérédité élective. M. Haeckel n'a pas craint d'aller jusqu'au bout, et de faire descendre l'homme par variation successive de quelque forme inférieure dont les singes seraient dérivés comme une branche latérale. D'autres naturalistes sont arrivés à la même conclusion, quelques-uns se sont déclarés simplement pour l'origine simienne de l'homme, en ajoutant, par manière de bravade, qu'ils rougissaient encore moins d'avoir pour ancêtre un honnête singe que de s'avouer les fils de certains fanatiques ennemis de la lumière et du progrès. Il s'est fait un grand bruit autour de ces débats, qui ont soulevé bien des passions ; M. Darwin ne disait mot. Enfin il a jugé que le moment était venu de quitter cette réserve, que ses adeptes et ses adversaires expliquaient de plus d'une façon. Il avoue qu'il a longtemps ajourné la publication de ses recherches sur l'origine de l'homme de peur d'irriter les préjugés que devait rencontrer sa doctrine chez quelques savants ; il a voulu lui laisser obtenir droit de cité avant d'en tirer les dernières conséquences.

Dans l'ouvrage qu'il vient de mettre au jour, M. Darwin accepte donc la responsabilité de l'application qu'on a faite de sa théorie à la généalogie de l'homme, « Ma conclusion principale, écrit-il, à savoir que l'homme descend de quelque organisme inférieur, sera, je le regrette, fort désagréable à beaucoup de personnes. Cependant il est hors de doute que nos pères ont été des barbares. Je n'oublierai jamais la surprise dont je fus saisi quand je vis pour la première fois une troupe de naturels de la Terre de Feu sur une côte abrupte et sauvage, car la pensée qui me vint tout d'abord à l'esprit fut celle-ci : voilà nos ancêtres ! Ces hommes étaient absolument nus et barbouillés de peinture, leurs longs cheveux en désordre, leurs bouches couvertes d'écume, leurs physionomies farouches, effarées, défiantes ; comme des bêtes fauves, ils vivaient de leur proie, n'avaient aucune espèce de gouvernement, et se montraient sans pitié pour tout ce qui n'était pas de leur tribu. Lorsqu'on a vu des sauvages chez eux, on n'éprouve pas grande honte à se sentir obligé de reconnaître que le sang de quelque créature encore plus humble coule dans nos veines... » Voici d'ailleurs comment M. Darwin se figure l'être mystérieux dont nous sommes les petits-fils. « L'homme, dit-il, descend d'un quadrupède velu, ayant une queue et des oreilles pointues, vraisemblablement grimpeur (*arboreal*) en ses habitudes, et appartenant au vieux continent. Cette créature, si un naturaliste avait pu en examiner la structure, eût été classée parmi les quadrumanes aussi sûrement que l'aurait été l'ancêtre commun, et encore plus ancien, des singes du vieux et du Nouveau-Monde. Les quadrumanes et tous les mammifères supérieurs dérivent probablement d'un marsupial ancien, et celui-ci, par une longue filière de formes variées, soit d'une espèce de reptile, soit d'un animal amphibie, lequel à son tour a pour souche un poisson. Dans les brumes du passé, nous pouvons voir distinctement que l'ancêtre de tous les vertébrés a dû être un animal aquatique, à branchies, réunissant les deux sexes dans le même individu, et chez lequel les organes principaux, tels que le cerveau et le cœur, n'étaient développés que d'une manière imparfaite. Cet animal a dû, semble-t-il, se rapprocher des larves de nos ascidiacés marins plus que de toute autre forme connue. »

Cette déclaration de foi est nette et précise. Les faits par lesquels M. Darwin l'appuie et l'étaie sont aussi nombreux que variés, quoique guère nouveaux. Il y a d'abord les étroites analogies de structure anatomique et de constitution qui existent entre l'homme et les singes anthropomorphes. On a beaucoup discuté sur la signification de ces ressemblances, il y a eu longtemps comme un tacite accord pour les atténuer et pour en affaiblir la portée. M. Huxley a cassé les vitres : il n'admet pas ces compromis, ces demi-aveux corrigés par des palliatifs d'ordre moral. Pour lui, le nom de quadrumanes appliqué aux singes est une erreur anatomique : les singes ont deux pieds et deux mains comme nous ; la ressemblance de la prétendue main de derrière avec la vraie main ne va pas plus loin que la peau. Le membre postérieur du gorille se termine par un pied ; c'est un pied, à vrai dire, préhensile, mais ce n'est point une main, et le pied de l'orang diffère plus de celui du gorille que le pied du gorille ne diffère de celui de l'homme. Les différences qu'on remarque entre la main du gorille et la main humaine ne reposent, suivant M. Huxley, que sur un défaut de développement qui a entraîné l'atrophie d'un muscle ; on a vu des mains humaines réduites à un état tout semblable. Somme toute, au point de vue anatomique, de l'homme au singe la distance est infiniment moindre que du singe à n'importe quel autre mammifère ; elle est presque nulle, si l'on compare l'évolution embryonnaire des deux espèces. À ces considérations vient s'ajouter celle des organes rudimentaires et des retours par atavisme qui trahissent encore accidentellement notre origine. M. Darwin cherche à former un corps de preuves en notant minutieusement tous les indices suspects ; il n'a garde d'oublier le pli sous la paupière, qui est comme un rudiment de la membrane clignotante des oiseaux de nuit, et il est tout heureux d'apprendre d'un sculpteur que le bout de l'oreille du singe perce encore chez l'homme sous la forme d'une petite saillie qui existe sur le bord intérieur du pavillon. En réunissant toutes les indications que fournit l'anatomie comparée, M. Darwin se croit donc forcé d'admettre pour l'homme l'humble origine qu'il nous coûte tant d'avouer. « Il n'est pas croyable, dit-il, que tous ces faits puissent mentir. Celui qui ne se contente pas d'envisager les phénomènes isolés, comme le font les sauvages, ne peut plus admettre que l'homme soit l'œuvre d'une création indépendante. »

Les différences énormes que l'on remarque dans la conformation extérieure aussi bien que dans les facultés mentales des individus de l'espèce humaine se conservent par hérédité, s'exagèrent encore par la sélection naturelle dans le combat pour l'existence, se déterminent quelquefois par la sélection sexuelle. Ce qui se passe encore aujourd'hui paraît à M. Darwin comme un pâle reflet de l'action lente, mais énergique et profonde, que la variation progressive a dû exercer dans le cours des siècles, et par laquelle il veut expliquer la filiation des espèces. C'est là le point faible de sa doctrine : nous avons beau regarder autour de nous, les faits contemporains justifient si peu le rôle attribué à la variation dans un passé presque fabuleux, qu'il faut vraiment se faire violence pour accepter cet enchaînement d'hypothèses comme une induction fondée sur les résultats de l'observation et de l'expérience. Quoi qu'il en soit, M. Darwin a foi dans sa théorie, et, tout bien considéré, il n'hésite pas à déclarer que l'homme descend des singes catarhins de l'ancien continent, qui forment avec les singes platyrhins du Nouveau-Monde les deux grandes divisions de la famille des simiens. Cette filiation une fois admise, il n'y a plus de raison pour ne pas remonter jusqu'au bout cette perspective indéfinie de métamorphoses qui s'ouvre à nos regards et qui se termine aux ascidiens. Ce sont des mollusques hermaphrodites ayant l'apparence d'un simple sac gluant et coriace ; leurs larves ressemblent aux têtards ; d'après M. Kovalevsky, elles ont quelques rapports avec les vertébrés par leur mode de développement, par la position du système nerveux. Les têtards mythologiques que M. Darwin regarde comme le prototype des animaux ont pu se diviser en deux séries divergentes dont l'une s'est dégradée en aboutissant à nos ascidiacés, tandis que l'autre s'est élevée par une série de variations jusqu'aux vertébrés que nous connaissons.

Une des grandes difficultés que rencontre cette généalogie dès les premiers pas que l'on fait en arrière, c'est le développement intellectuel et moral qui semble être la prérogative de l'espèce humaine. M. Darwin s'attache à démontrer qu'il n'existe entre l'homme et les animaux que des différences de quantité, que leurs facultés mentales sont essentiellement de même nature. À ses yeux, la distance est plus grande d'une lamproie au singe le plus élevé qu'elle ne l'est de celui-ci à l'homme ; et même, pour arriver du dernier des sauvages d'Australie à un Newton ou un Shakspeare, quel chemin ne faut-il pas faire ! La curiosité, l'attention, la mémoire, l'instinct d'imitation, sont quelquefois développés chez les animaux supérieurs à un degré extraordinaire, et une foule de faits qu'on observe tous les jours prouvent que l'imagination joue un rôle dans la vie des chiens, des chats, des chevaux, des oiseaux, qui nous entourent. Il est même impossible de dénier entièrement aux animaux la faculté du raisonnement. M. Darwin cite l'exemple des chiens du docteur Hayes, lesquels, attelés aux traîneaux qui franchissaient les champs de glace polaires, s'écartaient prudemment les uns des autres lorsque la glace devenait mince, afin de mieux répartir leur poids. Il cite aussi les singes, qui apprennent tout seuls comment il faut casser un œuf sans en répandre le contenu, qui, ayant trouvé une fois une guêpe dans un petit sac de papier, n'ouvrent plus les cornets qu'on leur offre qu'après les avoir portés à l'oreille, puis ce chien qui, ne pouvant rapporter à la fois une perdrix vivante et une autre qui est morte réfléchit d'abord un moment et se décide ensuite à tuer la proie vivante pour l'emporter avec l'autre. M. Darwin s'efforce encore de battre en brèche les arguments de ceux qui prétendent que l'homme seul est capable de progrès, que seul il emploie des outils, asservit d'autres animaux, a conscience de lui-même, possède la faculté d'abstraction, le sentiment du beau, et toutes les autres distinctions dont on veut faire son apanage exclusif. Il n'est pas douteux que les animaux ne puissent se perfectionner dans la société de l'homme. On voit les singes se servir de pierres et de bâtons pour casser des noix, pour ouvrir une caisse, pour se défendre contre une agression. Au jardin zoologique de Londres, un singe dont les dents étaient faibles ouvrait les noisettes avec une pierre qu'il cachait dans la paille de sa couchette, et à laquelle il ne laissait toucher aucun de ses camarades. Quand l'homme primitif a employé pour la première fois des éclats de silex à un usage quelconque, il n'a pas dû accomplir un effort de raisonnement bien différent de celui qui a guidé ce singe ; de là il n'y avait qu'un pas à faire pour façonner grossièrement des outils ou des armes de pierre. Brehm raconte qu'un de ses babouins avait l'habitude de se mettre un paillasson sur la tête pour s'abriter du soleil : n'est-ce pas là l'invention du chapeau ?

Le langage et la faculté d'abstraction, dont il est en quelque sorte l'expression matérielle, voilà ce qu'il y a de plus difficile à revendiquer pour les animaux en général ; mais ici encore M. Darwin soutient qu'il ne s'agit que d'une différence de développement. Les animaux se parlent entre eux et se comprennent. Les singes ne sont pas sans comprendre une partie de ce que l'homme leur dit, ils poussent des cris pour avertir leurs camarades d'un danger ; ne peut-on pas supposer qu'un singe plus avisé que les autres ait un jour imité la voix d'une bête féroce pour en signaler la présence menaçante ? C'aurait été un premier pas vers la formation d'un langage. La voix étant de plus en plus exercée, les organes vocaux se seraient renforcés et perfectionnés, enfin la supériorité acquise de quelques individus aurait été transmise par hérédité. L'usage de la parole a

Rodolphe Radau

dû ensuite réagir fortement sur le cerveau, car il est hors de doute que les facultés mentales se développent principalement sous l'influence du langage. Les idées nous viennent sous la forme de mots, une suite de pensées ne s'enchaîne qu'à l'aide d'un langage pour ainsi dire intérieur. Le volume considérable du cerveau chez l'homme n'est pas sans rapport avec l'usage de la parole. Si les singes ne parlent pas, c'est que leur espèce a été frappée d'un arrêt de développement ; ils sont dans le cas de ces oiseaux qui, tout en étant pourvus d'organes propres au chant, ne chantent jamais. Le corbeau ne fait que croasser, quoiqu'il soit en possession d'un appareil vocal semblable à celui du rossignol.

Cependant, dira-t-on, les animaux n'ont pas de religion ; c'est là ce qui les sépare de l'homme par un abîme infranchissable. Qu'est-ce qui nous prouve, répond M. Darwin, que tous les sauvages aient des croyances religieuses ? Des observateurs consciencieux, qui ont vécu longtemps au milieu de certaines peuplades, affirment au contraire qu'ils n'ont rencontré chez elles aucun indice qui pût faire supposer qu'elles avaient une idée quelconque d'un Dieu. Ce qui est général, c'est seulement l'idée d'agents invisibles, la croyance aux esprits, et celle-là peut très bien avoir pris origine dans les rêves, car les sauvages ne distinguent guère entre les impressions subjectives et objectives. « L'âme du rêveur part pour un voyage lointain et revient avec le souvenir de ce qu'elle a vu. » La tendance des sauvages à douer d'une vie propre les objets inanimés peut se mettre en parallèle avec certains faits qu'on observe sur les animaux. « Un de mes chiens, dit M. Darwin, se trouvait couché sur le gazon par un temps très chaud, près d'un parasol ouvert, dont il ne se serait certainement pas préoccupé, si quelqu'un se fût trouvé à côté ; mais la brise agitait de temps en temps le parasol, et le chien grognait et aboyait à chaque oscillation. Ce mouvement sans cause apparente était donc pour lui l'indice de la présence d'un être suspect qui venait roder sur son territoire. » Au demeurant, le sentiment de la dévotion religieuse est fort complexe, composé d'amour, de crainte, de gratitude, de confiance, d'espoir. Les transports de joie d'un chien qui retrouve son maître, d'un singe qui revoit son gardien, sont fort différents des sentiments qu'ils témoignent à leurs camarades. Aussi le professeur Braubach estime que le chien regarde son maître comme un dieu. D'un autre côté, les misérables superstitions du sauvage ne l'élèvent guère au-dessus des bêtes ; ainsi que le dit sir John Lubbock, « la terreur du mal inconnu est suspendue comme un nuage épais sur la vie sauvage et en rend tout plaisir amer. »

On voit que les facultés intellectuelles de l'homme n'embarrassent guère M. Darwin lorsqu'il veut établir l'origine simienne de notre espèce. Les qualités morales ne l'arrêtent pas davantage ; il les ramène à l'instinct social en y comprenant les affections de famille. L'instinct social est une faculté d'une nature fort complexe ; chez les animaux inférieurs, il se manifeste par une tendance vers l'accomplissement de certaines actions parfaitement définies ; à mesure qu'on s'élève dans l'échelle, ces tendances prennent un caractère plus général, plus vague : les animaux sociables se plaisent dans la compagnie de leurs pareils, s'avertissent mutuellement des dangers qui les menacent, se défendent et s'aident entre eux comme ils peuvent. Les éléments les plus importants de cette catégorie d'instincts sont l'*amour* et la *sympathie*. M. Darwin pense qu'un animal quelconque, doué d'instincts sociaux très prononcés, finirait par acquérir un sens moral ou une conscience aussitôt que ses facultés intellectuelles se seraient développées à un degré où elles deviendraient comparables à l'intelligence humaine. La réflexion, et surtout l'habitude du langage, changeraient peu à peu en sentiment moral ce qui n'était d'abord qu'une impulsion instinctive ; enfin la tradition, devenue opinion publique de la communauté, approuverait et consacrerait comme *morale* une certaine conduite de ses membres, conforme au bien de tous. Ce n'est pas à dire toutefois que le sens moral acquis de cette manière serait nécessairement identique au nôtre ; il serait modelé sur la nature particulière des instincts primitifs. « Supposons, dit M. Darwin, pour prendre un cas extrême, que les hommes se fussent produits dans les conditions de vie des abeilles : il n'est pas douteux que nos femelles non mariées, à l'instar des abeilles ouvrières, considéreraient comme un devoir sacré de tuer leurs frères, et que les mères chercheraient à détruire leurs filles fécondes, sans que personne y trouvât à redire. » Malgré cela, cette abeille-homme ou cet homme-abeille se formerait du bien et du mal une idée à son

Rodolphe Radau

usage, aurait un code moral à sa façon.

Ceux qui ont eu l'occasion d'observer les animaux sociables *chez eux* savent combien certaines manifestations de leurs instincts ressemblent à des actes inspirés par une bienveillance raisonnée, pour ne pas dire par des vertus morales. Voyez ces singes, — les cercopithèques gris-verts, — dont Brehm nous raconte les mœurs ; lorsqu'une bande a traversé un buisson d'épines, chaque individu s'étend sur une branche et est visité par un de ses camarades, qui examine consciencieusement sa fourrure pour en extraire les aiguillons et les ronces. D'après Alvarez, les hamadryas (une espèce de mandrill) renversent les pierres pour y chercher des insectes ou des vers, et, lorsqu'ils en trouvent une grande, ils se mettent autour tant qu'il en peut aller pour la soulever, la retournent et se partagent le butin. Les animaux sociables s'assistent dans le péril et se défendent mutuellement ; parfois leur dévouement ressemble à l'héroïsme. Brehm rencontra en Abyssinie un grand troupeau de babouins qui traversaient une vallée ; une partie avait déjà remonté la montagne opposée, les autres étaient encore en bas. Ces derniers furent attaqués par les chiens, mais les vieux mâles dégringolèrent aussitôt des rochers, les gueules ouvertes et avec un grognement si féroce, que les chiens battirent précipitamment en retraite. On les excita de nouveau à l'attaque ; pendant ce temps, tous les babouins avaient gagné les hauteurs, à l'exception d'un jeune de six mois environ qui poussait des cris de détresse sur un bloc de rocher où il était entouré par la meute. C'est alors qu'on vit un des mâles les plus forts redescendre de la montagne, aller tout droit au jeune, le cajoler et l'emmener en triomphe, les chiens étant trop surpris pour s'y opposer. Une autre fois, un jeune cercopithèque est saisi par un aigle, il réussit à se retenir à une branche et crie au secours ; aussitôt toute la bande s'élance avec un tapage infernal, et se met à plumer le ravisseur avec tant de succès qu'il ne songe plus qu'à s'échapper lui-même. Lorsqu'un babouin en captivité est recherché pour un méfait qui mérite une punition, ses camarades cherchent à le protéger. Le capitaine Stansbury a rencontré dans un lac salé de l'Utah un pélican vieux et complètement aveugle qui était fort gras et avait dû être nourri longtemps par ses compagnons ; M. Blyth a vu des corbeaux indiens nourrissant deux ou trois de leurs camarades aveugles, et M. Darwin a eu connaissance d'un fait analogue concernant un coq domestique.

Voilà des manifestations de sympathie bien caractérisées entre animaux de la même espèce ou, pour mieux dire, de la même communauté, car dans le règne animal c'est le patriotisme de clocher qui fait loi. Quelquefois cependant nous voyons la sympathie s'étendre au-delà des bornes tracées par les affinités d'origine, témoin ces amitiés bizarres nées dans les ménageries, et l'affection des animaux domestiques pour leurs maîtres. M. Darwin cite à ce propos un trait vraiment touchant de la part d'un petit singe américain. « Il y a quelques années, dit-il un gardien du jardin zoologique me montra une blessure profonde et à peine cicatrisée que lui avait faite un babouin féroce pendant qu'il était à genoux sur le plancher de la cage. Le petit singe, qui aimait beaucoup le gardien, vivait dans le même compartiment et avait une peur horrible du babouin ; néanmoins, lorsqu'il vit son ami en péril, il s'élança sur l'agresseur et le tourmenta si bien par ses cris et ses morsures, que l'homme put s'échapper, non sans avoir couru de grands risques pour sa vie. » Si dans d'autres cas les animaux supérieurs font preuve d'une indifférence complète à l'égard de leurs pareils, comme lorsqu'ils expulsent du troupeau un individu blessé, on pourrait dire que l'exception confirme la règle ; ce trait noir de l'histoire naturelle se retrouve d'ailleurs jusque dans les sociétés humaines, — que l'on songe aux Indiens de l'Amérique du Nord, qui laissent périr sur la plaine leurs camarades faibles, aux Fuegiens, qui enterrent vivants leurs parents âgés ou malades.

La satisfaction d'un instinct est un plaisir d'autant plus intense que l'instinct est plus fort. Quel ne doit pas être le degré de volupté intérieure nécessaire pour retenir l'oiseau, si mobile et si remuant, pendant de longs jours sur les œufs qu'il couve ! En obéissant à ses instincts sociaux, l'animal est donc heureux, tandis qu'il éprouve un malaise lorsque ces instincts sont contrariés, et l'on peut supposer qu'en général ils doivent être énergiques, car ils sont éminemment utiles à la conservation de l'espèce. C'est par la même raison qu'on peut croire que la plupart de ces instincts, tels qu'ils se manifestent sous nos yeux, ont été acquis ou du moins développés

Rodolphe Radau

par la sélection naturelle, qui tend à modifier tous les êtres de manière à augmenter leur résistance vitale.

Voici maintenant, à en croire M. Darwin, comment les instincts sociaux deviennent la base de la conscience ou du sens moral lorsqu'ils sont aidés par la réflexion. Ces instincts sont en général plus durables, plus persistants que tous les autres. S'ils entrent en lutte avec quelque désir subit comme la faim, avec une passion comme la haine, ils peuvent être temporairement vaincus, terrassés par surprise ; mais la faim une fois assouvie, la rancune satisfaite, la sensation de plaisir qui accompagne la jouissance s'efface, et le souvenir de la défaite subie par les instincts sociaux se représente sous la forme d'un remords. Nous comparons nos actes passés aux exigences de l'instinct de sympathie toujours vivace, et nous prenons en horreur ces actes malgré le contentement passager qu'ils nous ont procuré. Le regret ou le remords causé par le souvenir d'actions contraires à la sympathie serait donc le germe des idées de morale. « Le verbe impérieux *devoir*, dit M. Darwin, semble impliquer tout simplement la conscience d'un instinct persistant, inné ou en partie acquis, lequel nous sert de guide, bien que pouvant être désobéi. » Par conséquent ce mot n'est guère employé au figuré lorsque nous disons que les chiens courants *doivent* chasser à courre, que les chiens d'arrêt *doivent* arrêter, que les chiens rapporteurs *doivent* rapporter le gibier. S'ils ne le font pas, ils ont tort et manquent à leur devoir.

« Un être moral, dit M. Darwin, est caractérisé par la faculté de comparer ses actions passées et futures, ainsi que les motifs de ces actions, d'approuver les unes et de réprouver les autres, et le fait que l'homme est le seul être auquel cette faculté appartienne avec certitude établit entre lui et les animaux inférieurs la plus importante de toutes les distinctions. Je me suis attaché à démontrer que le sens moral résulte en premier lieu de la persistance et de la vivacité des instincts sociaux, ce qui rapproche l'homme des animaux inférieurs, et en second lieu de l'activité de ses facultés mentales et de la profonde impression que lui laissent les événements passés, ce qui constitue un caractère spécial à l'homme. Son esprit est ainsi fait qu'il ne peut pas s'empêcher de

L'Origine de l'homme d'après Darwin

regarder en arrière, de se représenter les impressions d'événements et d'actions qui appartiennent au passé ; il regarde aussi sans cesse en avant. Il s'ensuit que, si un désir passager, une émotion fugitive, ont eu raison de ses instincts sociaux, il viendra un moment où il réfléchira et comparera l'impression affaiblie de ces impulsions passées avec l'instinct social qui n'a rien perdu de sa force ; il éprouvera dès lors ce mécontentement qu'excite un instinct non satisfait, et il prendra la résolution d'en agir autrement à l'avenir : — c'est la conscience. Tout instinct qui est continuellement plus fort qu'un autre ou plus persistant donne naissance à un sentiment que nous exprimons en disant qu'il faut lui obéir. Un chien d'arrêt, s'il pouvait réfléchir sur sa conduite passée, se dirait à lui-même : J'aurais dû arrêter ce lièvre au lieu de me laisser aller à la tentation passagère de le chasser. »

L'instinct de sociabilité inspire à l'homme le vague désir de venir en aide à ses semblables, sans le pousser à des actions déterminées, ce qui est le propre des instincts de l'animal inférieur. Il faut aussi considérer que l'homme peut par le langage donner une forme précise à ses besoins et à ses désirs, de manière à guider ceux qui viennent à son secours ; des instincts spéciaux n'auraient donc chez lui aucune raison d'être. Enfin le motif qui le porte à se rendre utile n'a plus sa source uniquement et directement dans une tendance innée ; l'espoir de l'éloge et la crainte du blâme de ses pareils y sont pour beaucoup. C'est la faculté de la sympathie qui nous rend sensibles à l'éloge et au blâme, qui nous fait prononcer l'un ou l'autre ; elle est à coup sûr l'un des éléments les plus importants de l'instinct social, et elle peut être développée à un haut degré par l'usage qui en est fait. On se demandera quel est le principe qui règle en général l'approbation et la réprobation des actes que nous commettons. M. Darwin répond que, tous les hommes souhaitant le bonheur, ils blâmeront ce qui les en éloigne et loueront les actions qui tendent à les y conduire ; le « principe du plus grand bonheur » pourrait ainsi indirectement servir de point de départ pour distinguer le bien et le mal. À mesure que la raison se développe et que l'expérience s'étend, les relations de cause à effet sont aperçues de plus loin, l'opinion publique comprend et exige des vertus plus raffinées. Les notions morales se perfectionnent ainsi de génération en génération ; mais que sont-elles encore chez les sauvages !

Si l'on accepte la doctrine du transformisme, qui fait descendre l'espèce humaine de quelque être inférieur, on se demandera peut-être comment cette doctrine peut se concilier avec la croyance à l'immortalité de l'âme. Les races sauvages n'ont aucune idée claire d'une vie future, mais ce serait à tort qu'on attacherait de l'importance à leurs croyances instinctives ; elles ne prouvent rien ni pour ni contre l'existence de l'âme après la mort. Rien ne nous empêche d'y croire ; la seule difficulté, c'est de savoir à quelle époque de l'évolution de l'espèce on doit commencer à considérer celle-ci comme destinée à une vie immortelle. Toutefois peu de personnes s'inquiètent de l'impossibilité de déterminer le moment précis dans le développement de l'individu, depuis les limbes de la vie embryonnaire jusqu'à la naissance, où il devient un être immortel. On ne doit pas se tourmenter davantage parce qu'il n'est point possible d'indiquer la phase d'évolution de notre espèce où l'animal ne retourne plus tout entier au néant après sa mort. « Je ne puis me dissimuler, dit à ce propos M. Darwin, que les conclusions de mon livre seront dénoncées par certaines gens comme profondément irréligieuses. Que celui qui les dénoncera ainsi prouve donc qu'il est plus irréligieux d'expliquer l'origine de l'espèce humaine en la faisant descendre par variation progressive de quelque forme inférieure que d'expliquer la naissance de l'individu par les lois de la reproduction ordinaire. La naissance de l'individu et celle de l'espèce sont au même titre des anneaux de cette chaîne d'événements que l'esprit se refuse à considérer comme le résultat d'un aveugle hasard. La raison se révolte contre une telle conclusion, qu'il nous soit possible ou non de croire que la moindre variation de structure, l'union de chaque couple d'êtres animés, la production de chaque germe, aient été ordonnées en vue d'un but spécial. »

La filiation de l'homme n'est point le seul problème qui occupe M. Darwin dans son nouvel ouvrage. Il y approfondit encore un sujet qu'il avait à peine effleuré dans ses précédentes publications : nous voulons parler de la *sélection sexuelle*. Il s'agit ici du succès que les individus les mieux doués remportent sur les autres du même sexe, relativement à la propagation de l'espèce, tandis que la *sélection naturelle* dépend du succès des deux sexes à la fois et à tout âge dans la lutte contre les conditions générales de l'existence. La lutte sexuelle a lieu sous deux formes distinctes : tantôt les mâles se livrent un combat dans lequel le plus fort chasse ou détruit ses rivaux pendant que les femelles se tiennent passives, tantôt ils se bornent à rivaliser de séductions, et les femelles font leur choix en conséquence. Cette dernière forme de la sélection sexuelle est tout à fait analogue à la sélection inconsciente pratiquée par les éleveurs, qui traditionnellement choisissent les individus les plus beaux ou les plus utiles sans intention arrêtée d'améliorer la race.

Dans les divisions inférieures du règne animal, la sélection sexuelle ne joue pas un rôle appréciable. Les mollusques, dont la vie se passe souvent au point où ils sont nés, les animaux hermaphrodites, qui réunissent les deux sexes dans le même individu, ne peuvent pas entrer ici en ligne de compte. Chez ces êtres inférieurs, les facultés mentales sont d'ailleurs trop peu développées pour qu'ils puissent ressentir les émotions de l'amour et de la jalousie, ou exercer un choix quelconque. Lorsqu'on arrive aux insectes, puis aux vertébrés, les effets du triage sexuel deviennent de plus en plus manifestes ; en même temps, et comme parallèlement, nous voyons éclore et briller l'intelligence. Ce phénomène est surtout remarquable dans deux grands rameaux de l'arbre de la vie : chez les hyménoptères (abeilles, fourmis) et chez les mammifères, dont l'homme fait partie. Le contraste entre les deux sexes est d'ailleurs à peu près partout de la même nature, chez les mammifères, les oiseaux, les reptiles, les poissons, les insectes, et jusque chez les crustacés. Dans quelques cas, les rôles sont renversés, mais c'est l'exception.[1] C'est généralement le mâle qui recherche la femelle ; il est seul armé pour le combat. Le mâle est presque toujours plus gros et plus fort, plus courageux et d'humeur plus belliqueuse que la femelle ; il s'en distingue encore par une foule d'autres caractères secondaires, tels que des organes de chant ou de stridulation, des glandes odoriférantes,

---

1 Les femelles du casoar, de *turnix taigoor*, de *rhynchaea australis*, surpassent les mâles en force et beauté, et ce sont les mâles qui couvent.

Rodolphe Radau

etc. Enfin la nature a orné les mâles d'une infinité de colifichets : crêtes, panaches, aigrettes, huppes, pennes rémiges et rectrices, barbes, crinières, capuchons, ramures, ailerons ; — elle leur a donné des robes aux couleurs voyantes, dorées, pailletées, tandis que les femelles sont vêtues simplement. Chez le mandrill mâle, certaine partie du corps est colorée du rouge le plus vif avec un agréable mélange de bleu. Chaque espèce se prévaut aussi de ses avantages extérieurs à l'époque où les sexes se rapprochent. Les oiseaux chanteurs s'égosillent, les cigales et les grillons jouent avec frénésie de leur instrument à cordes, les coqs de bruyère exécutent des danses sous les yeux de leurs belles, les paons et les oiseaux de paradis s'évertuent à faire resplendir leur plumage au soleil.

M. Darwin accumule les exemples et trace les tableaux de mœurs les plus curieux en nous faisant parcourir l'immense échelle du règne animal. L'usage de la voix nous apparaît sous un jour tout nouveau : c'est d'abord et avant tout un appel. Les mâles de certains poissons (ombres, hippocampes), ceux des tortues, des crocodiles, émettent des sons très distincts à l'époque des amours. Les oiseaux et les insectes ne sont guère bruyants que vers la même époque. Chez les mammifères, il est plus difficile de constater ce caractère spécial de la voix ; cependant M. Darwin pense que l'origine de la musique doit être cherchée dans les modulations par lesquelles nos ancêtres de race simienne tentèrent de charmer les oreilles du sexe opposé. On connaît d'ailleurs un singe qui chante : c'est un gibbon, l'*hylobates agilis*. M. Waterhouse a noté les sérénades de cet animal. « Il a, dit-il, une voix forte et bien timbrée ; il parcourt la gamme chromatique en montant et en descendant, et sa note la plus élevée est à l'octave de la plus basse. » Il n'est pas moins curieux de voir jusqu'à quel point chez les animaux le sentiment de la beauté et le goût des ornements influencent les relations sexuelles. L'exemple le plus étonnant est fourni par les chlamydères ; ces oiseaux, qui ressemblent à nos perdrix, se construisent des charmilles nuptiales avec de fines pousses d'arbre qu'ils enfoncent par le gros bout dans une chaussée de cailloux arrondis, préalablement établie dans un lieu bien découvert. La plantation est assez large pour que les deux oiseaux puissent s'y promener à côté l'un de l'autre. Leur bosquet achevé, ils l'embellissent en y accrochant tous les objets brillants qu'ils peuvent se procurer : coquilles nacrées, plumes bleues et rouges, lambeaux d'étoffe, boutons dorés, tout ce qui peut charmer le regard. Et ces vautours, ces outardes, qui se livrent aux contorsions et minauderies les plus grotesques pour faire leur cour ! ces hérons qui défilent en procession avec une dignité grave, ces tétras et ces coqs de bruyère qui exécutent des rondes et organisent des soirées chorégraphiques et musicales, lesquelles finissent généralement par des combats à outrance ! Quelquefois la poule se sauve avec un jeune coq qui s'est prudemment tenu à l'écart pendant que les vieux se houspillent, et ces derniers en sont pour leurs frais.

En lisant ces étranges peintures de mœurs d'animaux, on sent partout comme une constante et secrète allusion. C'est du La Fontaine, moins la morale qui met les points sur les *i*. Bien des choses que nous voyons chez les sauvages établissent la transition entre les instincts des animaux inférieurs et les coutumes qui ont été consacrées par notre civilisation. Nous n'avons qu'à songer au goût qu'ont les nègres pour les objets brillants, aux tatouages dont les Indiens couvrent leur corps. Si on voulait étudier de près le tatouage chez les diverses peuplades, on y constaterait le règne capricieux de la mode et le jeu d'une féconde imagination, absolument comme dans l'histoire des costumes. D'un autre côté, les caractères de beauté qui font impression sur l'esprit d'un singe ne sont guère plus grotesques que ceux qui font l'admiration des sauvages. Lorsqu'ils ne chargent pas leur nez d'anneaux ou leurs lèvres d'un bâtonnet, ils déforment la tête des enfants, ils se cassent quelques dents ou noircissent tout leur râtelier. Ce Cochinchinois fait peu de cas de la femme de l'ambassadeur anglais parce qu'elle a « les dents blanches comme un chien et une peau rose comme la fleur de la pomme de terre. » D'après Burton, les Somali, pour prendre femme, font ranger de front les aspirantes et choisissent celle qui fait saillie *de tergo*.

La loi du combat (*law of battle*) règne dans le monde des animaux avec une uniformité caractéristique, et fait de la reproduction de l'individu un droit souvent chèrement payé. Il y a des espèces particulièrement belliqueuses : telle cette perdrix

Rodolphe Radau

(*ortigornis gularis*) dont le mâle possède des ergots acérés ; on n'en tue guère qui n'aient la poitrine couverte de cicatrices d'anciennes blessures. Chez les sauvages, la possession d'une femme est un constant sujet de rixes, sinon de guerres ; il en fut ainsi partout dans les temps primitifs :

> Nam fuit ante Helenam mulier
>
> teterrima belli
>
> Causa...

Chez les Peaux-Rouges, c'est encore le droit du plus fort qui décide à qui doit appartenir une jeune fille. Azara raconte que dans l'Amérique du Sud les Indiens ne se marient guère avant l'âge de vingt ans, parce qu'ils sont obligés d'attendre qu'ils aient la vigueur nécessaire pour triompher de leurs rivaux. Les gorilles se combattent entre eux d'une manière analogue ; ils défendent leur sérail à coups de dents. Les canines démesurées que l'on voit quelquefois apparaître chez l'homme sont un retour par atavisme, qui rappelle les mœurs de ses ancêtres. Ce n'est que peu à peu, à mesure que l'espèce humaine s'est habituée à la station debout, que les mâchoires ont diminué de volume, et que les dents se sont réduites à des proportions discrètes.

En résumé, les mâles se distinguent donc des femelles par une foule de particularités en dehors des caractères sexuels proprement dits ; ce sont tantôt des armes qui leur servent à lutter contre leurs rivaux, tantôt des ornements ou des qualités quelconques propres à séduire les femelles. Ces caractères sexuels secondaires ne s'accusent généralement que vers l'âge de la reproduction, souvent ils n'apparaissent que pendant la période des amours ; ils existent quelquefois chez les femelles à l'état rudimentaire. Les jeunes des deux sexes n'offrent pas encore ces différences ; ils ressemblent à la mère. On peut admettre que ces caractères secondaires sont acquis par la sélection sexuelle. Les lois de l'hérédité décident si les propriétés gagnées par l'un des deux sexes seront transmises au même sexe seulement, ou bien à tous les deux indistinctement. L'âge

L'Origine de l'homme d'après Darwin

critique où ces caractères font leur apparition y est pour beaucoup ; les variations qui n'apparaissent qu'à un âge avancé se transmettent le plus souvent au *même* sexe, et ce sont celles-là surtout qui font l'objet de la sélection sexuelle. Par la répétition du triage auquel ces variations donnent lieu, elles s'exagèrent graduellement et se consolident peu à peu. Les modifications que la sélection sexuelle peut produire ainsi sont quelquefois si prononcées que les deux sexes ont été pris pour des espèces différentes, voire pour des genres différents ; on dirait que, dans certains cas, elles dépassent le but, en ce sens qu'elles cessent d'être appropriées au genre de vie de l'animal. Un exemple curieux de cette exagération des appendices décoratifs nous est fourni par le faisan-argus, qui a des pennes rémiges de près de 1 mètre et qui mesure du bec à l'extrémité de la queue 1^m,60, avec un corps qui n'est guère plus gros que celui d'une poule ordinaire. Le dessin de son plumage parsemé de ronds est d'une élégance extrême, et l'on peut supposer que cet admirable, mais fort gênant attirail a été acquis par le mâle peu à peu, en même temps que se développait le goût de la poule pour les effets de roue. La préférence des femelles pour les mâles d'apparence distinguée s'observe à tous les degrés de l'échelle, et devient souvent un attachement durable. Or, s'il est prouvé que dans les unions les mâles qui offrent certaines particularités sont constamment favorisés, on peut tenir pour certain que ces particularités s'accuseront de plus en plus par l'hérédité, comme dans la sélection inconsciente exercée par les éleveurs.

Si ces faits sont faciles à concevoir chez les animaux où les mâles sont très nombreux et naturellement sujets à un triage, il n'en est plus de même pour les animaux qui forment des couples ; mais là encore les femelles vigoureuses et précoces, qui laisseront la postérité la plus nombreuse, choisiront généralement les mâles les plus beaux et les plus fortement caractérisés. Si l'on s'étonne de rencontrer chez les femelles des animaux inférieurs le sentiment du beau ou le goût si développé, il faut nous rappeler, dit M. Darwin, que les cellules du cerveau dérivent partout d'un même cerveau prototype, ce qui explique que sous l'empire de conditions similaires elles peuvent accomplir des fonctions semblables.

Rodolphe Radau

L'application de ces principes à l'homme rencontre toutefois une difficulté sérieuse dans la grande distance qui nous sépare déjà de l'état de nature. On peut, il est vrai, en s'appuyant sur les analyses fournies par les animaux inférieurs, supposer que l'homme doit à la sélection sexuelle plusieurs des caractères secondaires qui le distinguent de la femme : par exemple, la force et le courage propres à son sexe. Les luttes ont fortifié sa charpente ; le besoin de plaire l'a doué d'une barbe. C'est ainsi qu'aux temps primitifs la sélection sexuelle a pu faire les races. De nos jours, on rencontre encore quelques faits qui viennent à l'appui de cette argumentation, mais ils sont rares. Les nègres Yolofs, qui sont des hommes de toute beauté, expliquent eux-mêmes, d'après M. Read, la supériorité de leur race par l'usage qu'ils ont de vendre toutes leurs esclaves laides. En général la sélection sexuelle ne joue plus dans l'espèce humaine un rôle prépondérant. Chez les sauvages, les effets en sont paralysés par le relâchement extraordinaire des mœurs et par l'habitude très répandue de l'infanticide, qui est l'une des causes de la disparition si rapide des races indigènes en Amérique et en Australie. Dans les îles de la Polynésie, on a vu des femmes sacrifier successivement quatre, cinq et jusqu'à dix enfants ; Ellis dit qu'il n'en a pas trouvé une seule qui n'eût tué au moins un enfant. Dans un village sur la frontière orientale de l'Inde, le colonel Macculloch n'a pas rencontré un seul enfant du sexe féminin. On voit que même chez les hommes à l'état sauvage bien des causes concourent aujourd'hui à rendre impuissant l'effet de la sélection naturelle, dont le rôle, si nous en croyons M. Darwin, a été autrefois capital. Dans les sociétés civilisées, l'influence de cet agent est neutralisée par la manière dont se font les mariages : dans la grande majorité des cas, ce sont des considérations de rang, de fortune, de convenances de tout genre, qui déterminent le choix des deux époux ; les infériorités ne sont malheureusement pas un vice rédhibitoire.

Si nous faisons abstraction de l'homme, chez lequel M. Darwin reconnaît lui-même qu'il est fort difficile de constater les effets de la sélection sexuelle, l'existence de cette puissante cause de variation paraît prouvée pour les animaux en général. En l'admettant comme une vérité désormais acquise, on se trouve en quelque sorte obligé de reconnaître que le système cérébral, comme il dirige la plupart des fonctions biologiques, a réglé aussi d'une manière indirecte le développement des propriétés physiques et des facultés mentales, puisque le sentiment seul détermine les préférences des femelles et par suite la variation par sélection sexuelle. C'est encore dans ce sens qu'il sera permis de dire : *Mens agitat molem.*

On peut enfin tirer de ces recherches un enseignement. Avant d'accoupler nos chevaux, nos chiens, notre bétail, nous nous inquiétons de l'arbre généalogique des reproducteurs destinés à faire race. Pour nos mariages, nous ne connaissons pas de ces scrupules. Tantôt nous sommes dominés par les mêmes motifs auxquels obéissent les animaux inférieurs, avec cette différence peut-être que nous sommes sensibles aux qualités morales ; tantôt nous ne considérons que les avantages extérieurs qui s'attachent à certaines unions. Il y aurait cependant beaucoup à faire pour l'amélioration des races humaines par une application raisonnée du principe de la sélection. Si les lois fatales de l'hérédité étaient mieux étudiées et mieux connues, on comprendrait combien il importe, pour arrêter l'abâtardissement des nations, d'empêcher les infirmes et les idiots de faire souche. Il est triste de voir quels obstacles rencontrent dans le sentiment public des enquêtes ayant pour but de constater les lois qui régissent ces graves questions, par exemple celle qui concerne l'influence des mariages consanguins. L'avancement du bien-être général est un problème fort compliqué. « Ceux qui ne peuvent pas garantir leurs enfants de la misère, dit l'auteur, devraient s'abstenir de se marier, car la misère est en elle-même un grand mal, et elle tend à s'accroître parce qu'elle entraîne l'insouciance en fait de mariage. Malheureusement, si les prudents s'abstiennent et si les insouciants se marient, les prolétaires feront nombre de plus en plus. » L'homme est devenu ce qu'il est par un long combat ; s'il veut avancer, il faut combattre encore. Gardons-nous d'entraver par des préjugés ou par d'étroits calculs l'action des moyens que la nature emploie pour perfectionner les races ; abolissons ces lois et ces coutumes qui empêchent les hommes jeunes et bien doués de se créer une famille ! Il est vrai que les qualités morales se développent aujourd'hui plus par l'exemple et l'éducation que par l'effet de l'hérédité ; mais la sélection sexuelle

Rodolphe Radau

doit toujours exercer une influence prépondérante sur les instincts sociaux qui forment pour ainsi dire la base du caractère.

« L'homme est excusable, dit en terminant M. Darwin, d'éprouver quelque orgueil à se voir au sommet de l'échelle organique, et, puisqu'il y est arrivé lentement, il peut espérer de monter plus haut encore ; mais nous ne cherchons pas ce qu'il faut espérer ou craindre, il nous suffit d'envisager la réalité. J'ai exposé les faits aussi fidèlement que j'ai pu, et voici, je crois, ce qu'il nous faut reconnaître : l'homme, avec toutes ses nobles qualités, avec sa sympathie pour les êtres les plus dégradés, avec sa charité qui s'étend non-seulement à ses pareils, mais aux plus humbles créatures, avec sa divine intelligence qui pénètre les mystères de la mécanique céleste, — l'homme enfin avec toutes ses admirables facultés porte encore dans la structure de son corps le sceau indélébile de sa basse origine. »

Nous avons à notre tour cherché à résumer sans parti-pris les théories souvent étranges contenues dans ce livre, qui est appelé à faire sensation, comme ces manifestes qui étaient prévus et qui n'en surprennent pas moins. On l'a d'ailleurs dit avec raison : une hypothèse aventurée est bien moins dangereuse qu'un fait faux ; elle aide à grouper, à coordonner nos connaissances, elle stimule les recherches, et, lorsqu'elle a fait son temps, elle cède la place à une autre hypothèse qui est plus en rapport avec l'état de la science.[1]

---

1 La traduction française du nouvel ouvrage de M. Darwin, due à M. Moulinié comme celle de l'ouvrage sur la *Variation des Animaux*, est, nous dit-on, sous presse ; elle permettra au public de se faire une idée plus exacte des théories du célèbre naturaliste anglais.

L'Origine de l'homme d'après Darwin

ISBN : 978-1542819374

www.ingramcontent.com/pod-product-compliance
Lightning Source LLC
Chambersburg PA
CBHW051829170526
45167CB00005B/2212